Papier schöpfen – einfach schöpferisch

Ein Werkbuch für handgeschöpftes Papier

Ina Kunz

Ina Kunz ist freie Journalistin und Erwachsenenbildnerin. Ihr Arbeitsfeld umfaßt Aufgaben in der Museumspädagogik, der Lehrer- und Kindergärtnerinnen-Fortbildung sowie der Kreativitätserziehung von Kindern, Jugendlichen und Erwachsenen.
U.a. gibt sie Kurse für Kinder und Erwachsene, in denen das Papierschöpfen erlernt werden kann.

Die Autorin dankt dem freundlichen und hilfsbereiten Team des Schweizerischen Papiermuseums & Museums für Schrift und Druck in Basel für die wertvolle Unterstützung.
Der Dank richtet sich auch an Therese Weber, die die Begeisterung der Autorin für das Papierschöpfen gefördert hat.
Die Aufnahmen auf den Seiten 6-12 stammen alle aus der Basler Papiermühle (Schweizerisches Papiermuseum & Museum für Schrift und Druck, Basel).

Neu gestaltete Auflage von TOPP 1950.
Fotos: frechverlag GmbH, 70499 Stuttgart; Fotostudio Ullrich & Co., Renningen

Auflage: 5. 4. 3. 2.
Jahr: 2006 2005 2004 2003
Letzte Zahlen maßgebend

Druck: frechdruck GmbH, 70499 Stuttgart

ISBN 3-7724-2946-7 · Best.-Nr. 2946

NUR EIN STÜCK PAPIER

Eines Tages erstand ich ein Tangram (chinesisches Legespiel) aus Papier. Das war ein Schlüsselerlebnis, das mir aufzeigte, daß Papier auch noch für etwas anderes gut sein kann als nur fürs Schreiben. Mein Spieltrieb und die Freude am Papier haben mich im Laufe der Zeit auf manche kreative Möglichkeit im Umgang mit Papier gebracht. Aber die größte Faszination übt auf mich das Schöpfen von Papier aus. Es ist der absolute Anfang eines kreativen Umgangs mit dem Medium Papier. Damit ist eine Grundlage geschaffen, die zu neuen Möglichkeiten führt: alte Abfall-Papier-Masse wieder zu einem Rohstoff werden lassen und daraus Neues zu gestalten, also Altes in einem neuen Gewand entstehen zu lassen, das ist der Inbegriff einer schöpferischen Tätigkeit.

Handgeschöpftes Papier hat eine ganz eigene Struktur, fühlt sich unterschiedlich an und hat einen eigenen Geruch. Dieses Papier kann man pressen, knittern, knüllen, biegen, falten, strecken, schneiden, reißen, aufschlitzen, kleben, sengen und verbrennen. Man kann darauf schreiben, zeichnen und malen, es bedrucken oder Kunstwerke daraus entstehen lassen – und es nach alledem wieder zu Faserbrei verarbeiten und aufs neue verwenden.

Dieses Buch soll in die Erlebniswelt des Papierschöpfens einführen, Anregungen für die weiterführende Arbeit geben und auf die lange Geschichte des Papiers hinweisen. Entdecken Sie die vielfältigen Gestaltungs- und Verarbeitungsmöglichkeiten für handgeschöpftes Papier!

Alles nur Papier

Was Sie gerade in der Hand halten, ist ein Stapel Papier. Bedrucktes Papier ist uns als Kommunikationsträger, als Zeitschrift, als Notizzettelchen, als Buch oder auch als Geld bekannt. Künstler gestalten Papier (zeichnen, malen, drukken). Kleider, Schirme, Lampen, Fächer, Fahnen, Paravents, Jalousien, Blumen, Hygieneartikel – all das ist aus Papier. Kurz gesagt, Papier ist vielseitig und vertraut.

Papier erleichtert den Alltag und öffnet den Weg in die Bildung.

Eine ganz eigene Kunstrichtung ist „Paper art" (vgl. Seite 53). Dabei wird der Papierstoff an sich, als dreidimensionales Medium, zum schöpferischen Ausdrucksmittel.

International anerkannte Künstler haben sich mit dem faszinierenden Medium Papier auseinandergesetzt.

Die Entstehung der Schrift

Wie haben die Menschen sich vor der Erfindung des Papiers verständigt, Mitteilungen weitergegeben?

Sie gaben sich Ruf-, Trommel- oder Rauchzeichen, und sie erfanden Bildzeichen. Die ältesten Bildschriftzeichen sind Felsmalereien aus der Zeit um 13000 v. Chr. Später wurden in Kalkstein-, Holz-, Ton-, Metall- und Wachstafeln Schriftzeichen geritzt. So konnten Gesetze und wichtige Mitteilungen weitergegeben werden.

Die Sumerer brachten um 7000 v. Chr. ihre Schriftzeichen auf Tonkegeln an.

In einigen Hochkulturen wurden Knochen, Muscheln, Elfenbein und Jade als Schriftträger verwendet.

Die Ägypter kannten schon 3000 v. Chr. den Papyrus (vgl. Seite 7).

Die Gesetze Moses wurden 622 v. Chr. von Hebräern auf Pergament (Tierhaut) geschrieben (vgl. Seite 7).

China: Die Wiege von Schrift und Papier

In China entdeckte man Schildkrötenpanzer, in die um 1700 v. Chr. Schriftzeichen geritzt worden waren. Bambustäfelchen, auf ein Lederband aufgezogen, kannte man dort um 500 v. Chr.

Die Herstellung von Seide ist seit über 4000 Jahren in China bekannt, und man benutzte Seidenbänder als Schriftträger. Das zeigt, daß verschiedenste Materialien zum Beschriften in Gebrauch waren. Ausschlaggebend für die Wahl wird die Frage der Beschaffungsmöglichkeit und der Kosten gewesen sein.

Die eigentliche Erfindung des Papiers fand in China statt. Der chinesische Minister Tsai Lun aus der Provinz Hunan berichtet im Jahre 105 n. Chr., daß er aus Seidenresten, die bei der Herstellung von Seidenstreifen abfallen, einen neuen Rohstoff, nämlich die Papiermasse, entwickelt habe. Mit der Zeit kamen bei den Experimenten noch Maulbeerzweige, Baumrinde, Bastfasern, Hanf und ausgediente Fischernetze dazu. Das Verfahren war ein streng gehütetes Geheimnis!

Ein verratenes Geheimnis

Erst im Jahre 610 n. Chr. kam die Herstellungsweise des Papiergießens über Korea nach Japan. Dort wird handgemachtes Papier noch immer mit diesem Verfahren hergestellt.

Das Grundmaterial waren Bambusschößlinge und die Rinde des Maulbeerbaumes.

Durch chinesische Gefangene gelangte das Geheimnis um die Papierherstellung im Jahre 751 n. Chr. nach Samarkand. Im Jahre 794 n. Chr. wurde in Bagdad Papier hergestellt. Nun war es um das Geheimnis der Papiere geschehen: immer weiter wurde es nach Westen getragen.

Die unaufhaltsame Ausbreitung der weißen Kunst

Im 9. Jahrhundert wußte man in Damaskus um die Papierherstellung, im 10. Jahrhundert in Ägypten.
Der älteste Papierfund auf Sizilien ist auf das Jahr 1102 datiert.
Die erste europäische Papierherstellung gab es um 1150 in Spanien.
In Italien begann man 1268 im Dorf Fabriano mit Papierschöpfen. Das nächste Land war 1348 Frankreich, dann folgte 1390 Deutschland. Im Jahre 1428 begann man in Holland mit der Papierherstellung, 1433 in der Schweiz. 1469 begann die Herstellung in Österreich, 1494 in England und in Rußland im Jahre 1576.

Qualität und Quantität

Der Bedarf nach Papier erhöhte sich mit der Erfindung des Buchdrucks durch Johannes Gensfleisch zum Gutenberg im Jahre 1440 immens. Bis zur Erfindung der Papiermaschine und der damit verbundenen Produktion des ersten Endlos-Papiers im Jahre 1779 durch den Franzosen Louis Robert sollte allerdings noch einige Zeit vergehen. Die Papierproduktion wurde in unserem Jahrhundert aufgrund der ständig zunehmenden Nachfrage ins Unermeßliche gesteigert.

Noch in der ersten Hälfte des vergangenen Jahrhunderts entstanden in einer Papiermühle pro Tag um die 3000 Bogen von Hand geschöpften Papiers. Diese Papiere hatten weiß, dünn und gleichmäßig zu sein. Das hing natürlich von der guten Arbeit des Papiermachers, aber auch von den Rohstoffen und dem Wasser ab.

Papiermühlen konnten sich mit Qualitätspapieren einen guten Namen machen. Noch heute erkennt man solche Papiere an ihrem Wasserzeichen. Die ältesten Wasserzeichen stammen aus Italien und gehen auf die Mitte des 12. Jahrhunderts zurück. Man wollte damit ein Gütemerkmal schaffen, sich gegen Fälschungen wehren und einen Steuernachweis ermöglichen.

Qualitätspapiere erkennt man noch heute an ihrem Wasserzeichen. Hält man ein solches Papier gegen das Licht, wird das Wasserzeichen sichtbar.

Vor der Erfindung des Papiers

Der Papyrus

In Ägypten gab es schon 3000 Jahre vor unserer Zeitrechnung den Papyrus. Die Papyruspflanze (Cyperus Papyrus), eine Art Schilfgras, wächst am Nil. Das Mark des Stengels wird in dünne Streifen geschnitten, die ca. 1,5 cm breit sind.

In zwei Schichten werden diese Streifen übereinander gelegt, d. h. die erste Schicht quer und die zweite Schicht längs. Damit eine gute Verbindung beider Schichten möglich wird, wird die entstandene Fläche mit einer Art Hammer geklopft. Dabei tritt viel Feuchtigkeit aus, ein Saft, der gleichzeitig Bindemittel ist. Zum Schluß wird das Papyrusblatt gepreßt und getrocknet.

Das Pergament

Noch heute werden spezielle Urkunden auf Pergament geschrieben. Bei kunstvollen Bucheinbänden ist Pergament ein wichtiger Werkstoff. Erst mit der Produktion des in der Herstellung wesentlich billigeren Papiers wurde es verdrängt.

Kalb-, Rinder-, Schaf- und Ziegenfelle sind das Grundmaterial. Die Häute legt man in eine Kalklauge, dann werden sie gründlich gereinigt und aufgespannt. Nach dem Trocknen, Schaben und einer sorgfältigen Oberflächenbearbeitung können sie beidseitig beschrieben werden.

Mit Bimsstein konnte man alte Schriften entfernen. Somit war das Pergament mehrfach verwendbar.

Vor der Erfindung des Papiers

Tapa

Geeignete Bäume und Büsche (Moraceen, Broussonetia und Ficusarten) sind Lieferanten von Rindenbast, der weichgeklopft wird und dabei verfilzt.

Tapa kommt aus Ceylon, Indonesien und der Südsee.
Es ist jedoch nicht in erster Linie ein Beschreibstoff, sondern wird bemalt und für Kleidungsstücke verwendet.

Amatl

Die vom Feigenbaum gewonnenen Rindenbaststreifen werden gekocht und im feuchten Zustand auf Holzbrettchen „netzartig“ ausgelegt. Durch Klopfen mit einem Stein verbinden sich die Fasern miteinander.
Nach dem Trocknen auf dem Brettchen wird das Amatl abgelöst. Noch heute ist Amatl in Mexiko erhältlich.

Vor der Erfindung des Papiers

Das Papier

Grundsätzlich muß man die fernöstliche von der westlichen Methode des Papierschöpfens unterscheiden.
In China, Korea und Japan haben sich die für fernöstliche Technik typischen Schöpfformen bis in unsere Tage erhalten. Geschöpft wird, indem das Sieb mehrmals in den sich in einer Bütte befindlichen, wäßrigen Faserbrei eingetaucht und damit der Faserbrei in Schichten aufgenommen wird. Zum anderen kennt man die Technik des Gießens in die schwimmende Form.

In Europa entwickelte man einen Holzrahmen. Längsseitig liegen Drähte, diese werden durch einen feinen Draht miteinander verbunden. So hat man ein Vergé-Sieb (vgl. Glossar, Seite 54). Bespannt man den Rahmen mit einem Kupfergeflecht oder neuerdings auch mit einem Polyestergewebe, so entsteht ein Vélin-Sieb.
Zu beiden Arten gehört ein Deckelrahmen. Dieser begrenzt die Fläche des geschöpften Papiers.

Die weisse Kunst

Die Druckkunst wurde als die „schwarze“ Kunst bezeichnet. Papiermachen galt nicht einfach als Handwerk, sondern als die „weiße“ Kunst. In einer Papiermühle gab es den Mühlenmeister, der diese Kunst von A bis Z beherrschte. Schöpfer, Gautscher, Ableger und Leimer waren Spezialberufe, in denen man als Geselle oder Lehrling arbeitete.

Die Papiermühlen lagen an Wasserläufen, zumeist an Flüssen und Bächen, denn die mächtigen Wasserräder dienten zum Antreiben des Hadernstampfwerkes.

Als Rohmaterial mußten zunächst Baumwoll-, Leinen-, Hanf- und Flachslumpen (Hadern) von Lumpensammlern geliefert werden. Die Lumpen kamen in einen Lumpenkeller. Dort wurden sie sortiert, gereinigt und mit einem Sensenmesser kleingeschnitten. Diese Arbeiten wurden in erster Linie von Frauen erledigt. Erst dann kamen die Lumpen in das Hadernstampfwerk.

Das Stampfwerk bestand aus einer Reihe von meist vier bis sechs Trögen, gefüllt mit Wasser und Hadern, in die im gleichmäßigen Rhythmus die Stampfhammer

Das große Antriebsrad der Basler Papiermühle

niederschlugen. Erst nach mehreren Tagen war der Stoffbrei bereit für die Bütte.

Den Bottich, aus dem das Papier geschöpft wurde, nannte man Bütte. Der Schöpfgeselle und der Gautschgeselle arbeiteten Hand in Hand, denn während der eine ein geschöpftes Blatt auf den Filz abgautschte, schöpfte der andere mit einem zweiten Sieb bereits das nächste Blatt. Nach jedem Abgautschen mußte wieder ein Filz aufgelegt werden.

Wenn ein Stapel (Pauscht) bereit war, wurde er in der Spindelpresse gepreßt.

Nun begann die Arbeit des Ablegergesellen. Vorsichtig mußten die Papierbogen von den Filzen gelöst, gestapelt und auf den Dachboden gebracht werden, um dort aufgehängt und getrocknet zu werden.

Nach ca. einem Tag, je nach Wetter, waren die Papiere trocken, und die Arbeit des Leimergesellen begann.

Denn um Papier schreibfest zu machen, mußte die Papieroberfläche mit einer feinen Leimschicht behandelt werden. Dazu wurden die Papierbogen bundweise in die mit warmem Tierleim (Hautleim) gefüllte Leimbütte getaucht, kurz gepreßt und wiederum getrocknet.

Um das Papier zu glätten, wurde es mit einem Achatstein oder dem Glättehammer nochmals bearbeitet oder nochmals gepreßt.

Noch heutzutage wird handgeschöpftes Papier auf die gleiche Art und Weise hergestellt und behandelt, wie die Bilder zeigen.

Was man zum Papierschöpfen alles bereitstellen muss

Wasser ist ein wichtiges Element beim Papierschöpfen. Wer über Küche, Waschküche oder Bad verfügt, wo es nicht zu eng ist und der Boden auch naß werden darf, kann seine Papiere dort schöpfen. Im Sommer kann man im Freien arbeiten.
Der **Arbeitstisch** wird mit **Plastik** abgedeckt.

Als Grundmaterial kann man **Zellstoffplatten** nehmen (50 g Zellulose = 1 l = 1250 g = 5 Bogen DIN A4). Diese werden in kleine Stücke gerissen (ca. 3 cm x 3 cm), in einen Eimer gelegt und mit Wasser übergossen. Dann läßt man sie ca. 16 Stunden stehen.

Was unsere Vorfahren mit den Lumpen machten (vgl. Seite 10), war nichts anderes als Recycling. Wir verwenden für unsere Papierherstellung ebenfalls Abfallmaterial: Telefonbücher, Zeitungen, Computerpapier, Zeitschriften, Geschenkpapier (beschichtete und Folienpapiere sind nicht geeignet), Packpapier, Eier- und Obstkartons. Auch dieses Material muß in kleine Stücke gerissen (ca. 3 cm x 3 cm) und eingelegt werden (s.o.). Dabei sortieren wir gleich alles nach Farben. Für die Vorbereitung der Masse brauchen wir also pro Farbe einen Plastikeimer.

Für den nächsten Arbeitsgang benötigen wir einen **Mixer**, einen **Stabmixer** oder eine elektrische **Bohrmaschine mit einem Einsatz**, wie er zum Farbenrühren gebraucht wird, zum Zerkleinern des eingeweichten Materials.

Das Wasser sollte im Verhältnis 1:3 über der Masse stehen, damit ein feiner, flüssiger Faserbrei entstehen kann.

Zum eigentlichen Schöpfvorgang brauchen wir eine **Wanne** (Bütte). Wichtig ist vor allem, daß sie tief genug ist, um den Schöpfrahmen eintauchen zu können. Für DIN A5-Bögen reicht eine Plastikschüssel mit der Tiefe von 25 cm bis 35 cm, für DIN A4-Bögen sollte die Wanne 30 cm bis 50 cm tief sein.

Der **Schöpfrahmen** kann selber hergestellt werden. Auf Seite 16-20 erfahren Sie, wie man ihn macht und mit welchen Hilfsmitteln geschöpft werden kann. Auf Seite 55/56 finden Sie Bezugsquellen für die einzelnen Materialien bzw. Sets.

Zum Abgautschen brauchen wir **10 Filz- oder Moltonstücke**. Alte Wolldecken sind ebenfalls gut geeignet. Diese werden vorher befeuchtet. Dazu benutzen wir eine **Sprühflasche**.

Für DIN A4-Format sollten die Gautschfilze 35 cm x 25 cm groß sein. Schöpfen wir die Blätter im DIN A5-Format, so sollten wir darauf achten, daß präzise übereinander abgegautscht wird. Das gilt für jedes Abgautschen. Es hat sich als praktisch erwiesen, auf den Gautschfilz **Allzwecktücher oder Windeleinlagen** zu legen. Erst nach drei- bis fünfmaligem Abgautschen, wobei jeweils eine Windeleinlage aufgelegt wird, sollte man wieder einen Filz auflegen (siehe Pressen, Trocknen und Glätten, Seite 22/23). Das geschöpfte Papier wird nach dem Pressen mit der Windeleinlage zum Trocknen aufgehängt. Die Gautschfilze werden vorher weggenommen und ebenfalls zum Trocknen aufgehängt.

Aber bevor unsere Blätter zum Trocknen aufgehängt werden können, muß das Wasser so weit als möglich herausgepreßt werden. Dazu legen wir den entstandenen Stapel (Pauscht) zwischen **zwei Bretter**. Die einfachste Methode: man belastet das obere Brett mit Steinen oder man stellt sich ca. 30 Minuten drauf. Wer eine **Buchbinderpresse** hat, kann seinen Stapel darin pressen (nach 30 Minuten lösen).

Arbeitsmaterial

- Plastikfolie
- Zellstoff und Recycling-Material
- Plastikeimer und Schüsseln
- Mixer
- Wanne, 30-50 cm tief
- 1 Brett, 45 x 30 cm
- 10 Gautschfilze, 35 x 25 cm
- Sprühflasche
- Windeleinlagen
- Wäscheleine oder Wäscheständer
- Presse
- Schöpfrahmen
- Meßbecher für jegliches Umgießen
- Schwamm, um Wasser aufzunehmen
- Nudelholz (Wallholz), um die erste Nässe aus dem Papier zu drücken
- Küchensieb, um den restlichen Faserbrei abzugießen. Dieser kann nach dem Trocknen in einem verschließbaren Glas aufbewahrt werden
- Weichpavatexplatten 35 x 25 cm für Trocknungsarbeiten
- Kunstharzleim (Weißleim) für die Oberflächenverleimung (tintenfest)
- Soda, um den Faseraufschluß beim Kochen des Pflanzenmaterials zu beschleunigen
- Alaun für die Farbechtheit und zum Festigen des Papiers
- Tonerde oder Pottasche, um das Papier glatter zu machen. Auf 500 g Zellulose mit 10 l Wasser kommen 3 Suppenlöffel.

Der Schöpfrahmen

Für die ersten Versuche empfiehlt es sich, mit improvisierten Schöpfformen zu beginnen.

- Geeignet sind **flache Siebe**, die als Spritzschutz im Haushalt Verwendung finden.
- In einen **Stickrahmen**, am besten aus Holz, wird straff ein Fliegennetz gespannt.
- Auf einen stabilen **Bilderrahmen** wird ein Fliegennetz gespannt und mit Heftklammern (Tacker) befestigt.

Diese provisorischen Schöpfrahmen eignen sich, um erste Erfahrungen zu sammeln.

Bei allen oben genannten Schöpfrahmen fehlt der Deckelrahmen. Das hat zur Folge, daß unregelmäßige Papierränder entstehen.

••• Tip •••

Von der Qualität des Schöpfrahmens hängt die Qualität des Papiers ab. Ist das Sieb nicht straff genug gespannt, so entsteht zur Mitte eine Vertiefung. Das hat zur Folge, daß das Papier in der Mitte dicker ist und gegen den Rand immer dünner und ausgefranster wird.

Material für den Bau eines Schöpfrahmens:

- Holzleisten aus Tannen-, Buchen- oder Lärchenholz, 25 mm x 20 mm
- Spanplattenschrauben, 3 mm x 30 mm (Messing oder verzinkt)
- 4 Winkel, 2 mm dick und maximal 20 mm x 20 mm (Messing oder verzinkt), dazu 8 Schrauben
- Schraubenzieher Nr. 2
- Kreuzschraubenzieher Nr. 4
- Ahle
- Handbohrer
- Heftmaschine (Tacker, Bostitch) mit rostfreien Klammern
- Hammer
- Zange
- Rahmenspanner bzw. eine Schnur und Spannhölzchen
- Gehrlade *
- Holzsäge *
- Fliegennetz, stärkere Qualität, 30 cm x 25 cm, evtl. zwei Netze aufeinanderlegen und antackern
- Bleistift
- Maßstab oder Lineal
- Winkelmaß *
- wasserfester Holzleim
- Scotch-Gewebeband oder UHU-Kontaktleim
- Bootslack
- Flachpinsel, 2–3 cm breit

Material für den abgeschrägten Deckelrahmen:

- Holzleiste aus oben genanntem Holz, 40 mm x 30 mm. Diese Leiste lassen wir beim Schreiner in den Profilschnitt und auf Gehrung zuschneiden.
- Winkel, 2 mm dick und maximal 20 mm x 20 mm
- Ahle
- Schraubenzieher Nr. 2
- Rahmenspanner bzw. eine Schnur und Spannhölzchen
- Gehrlade *

* Dieses Werkzeug ist nur nötig, wenn das Holz nicht zugeschnitten erhältlich ist.

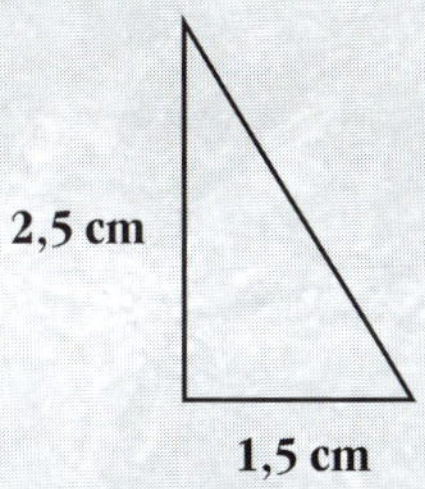

Herstellung des Schöpfrahmens

Für den ersten **Schöpfrahmen** schlagen wir eine vereinfachte Form im DIN A5-Format vor. Er besteht aus dem Siebrahmen und einem Deckelrahmen.

Sie brauchen:

- 2 Holzleisten, 25 mm x 20 mm x 150 mm
- 2 Holzleisten, 25 mm x 20 mm x 250 mm

Innenmaß 21 cm x 15 cm
Außenmaß 25 cm x 19 cm

In die 25 cm lange Leiste wird 1 cm vom Rand mit dem Handbohrer an beiden Enden ein Loch von 3 mm Ø gebohrt. Die Ecken werden verleimt und mit den Spanplattenschrauben zusammengeschraubt. Mit dem Winkelmaß prüfen wir, ob der Rahmen im Winkel ist, und lassen ihn trocknen.

Nun wird am besten zweimal Bootslack aufgetragen, um das Holz wasserfest zu machen.
Nach dem Trocknen muß noch das Fliegennetz straff aufgespannt werden, es wird an der Außenkante mit dem Tacker befestigt. Das Spezialklebeband oder eine dünne Schicht UHU-Kontaktleim gibt zusätzliche Festigkeit und verhindert, daß die Papiermasse unter das Netz läuft.

Der einfache **Deckelrahmen** wird gleich hergestellt wie der Siebrahmen. Es wird jedoch kein Fliegennetz aufgespannt.

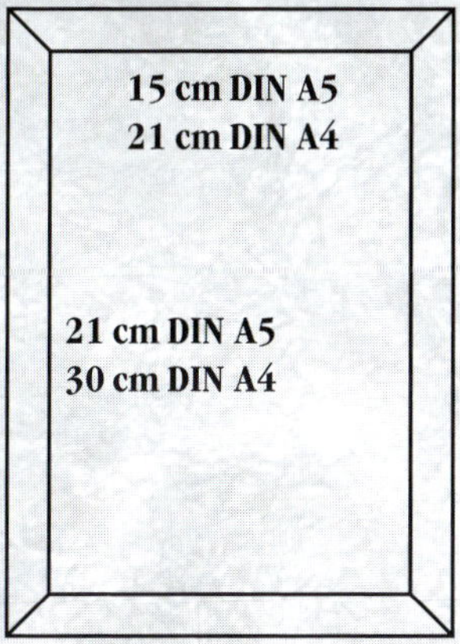

Für den **professionellen Deckelrahmen**, bei dem das Wasser besser abfließen kann, lassen Sie ein Profilholz zuschneiden (s. Zeichnung S. 20).

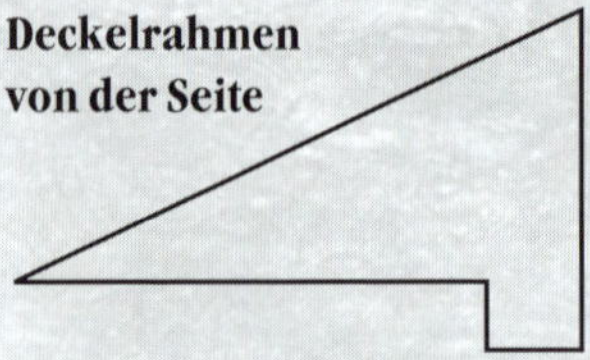

Deckelrahmen von der Seite

Der Bilderrahmen ähnliche Deckelrahmen ist aufwendiger in der Herstellung. Außerdem muß beim Zuschnitt der Gehrungswinkel von 45° berücksichtigt werden.

Das Innenmaß ist 21 cm x 15 cm. Alle vier Ecken bekommen einen Tupfen wasserfesten Holzleim, und mit dem Rahmenspanner wird der Deckelrahmen aneinandergefügt. Oder wir nehmen eine Schnur, legen sie um den Rahmen, verknoten sie und schieben zur Erhöhung der Spannung kleine Hölzchen zwischen das Holz und die Schnur. Trocknen lassen und zweimal Bootslack auftragen.

Für den **großen Schöpfrahmen** schlagen wir die gleichen Holzqualitäten vor. Beachten Sie, daß es keine Wirbel oder sonstigen Fehler in den Holzleisten gibt. Zusätzlich brauchen wir noch 3 Dreikantleisten (untere Breite 1,5 cm), 21 cm lang, für die Stützung des Siebs und zur Begünstigung des Wasserablaufs. Ansonsten gelten die gleichen Materialangaben wie beim oben auf Seite 17 beschriebenen Schöpfrahmen.

Sie brauchen:

- 2 Holzleisten, 25 mm x 20 mm x 210 mm
- 2 Holzleisten, 25 mm x 20 mm x 340 mm

Innenmaß 30 cm x 21 cm
Außenmaß 34 cm x 25 cm

Es gilt die gleiche Arbeitsanleitung wie für das DIN A5-Format. Wichtig ist jedoch, daß Dreikantleisten eingesetzt werden, bevor das Sieb aufgezogen wird. Die spitz zulaufende Kante muß auf das Sieb weisen und mit der Siebrahmenoberkante bündig abschließen.

Zuerst werden die Dreikantleisten eingeleimt, nach dem Trocknen wird mit einem Nagel (1,5 mm x 35 mm, verzinkt) zusätzlich Halt gegeben. Mit Bootslack wasserfest machen.

Nach dem Trocknen das Sieb aufspannen.

Der **Deckelrahmen** soll eine gute Papierform garantieren. Wir nehmen auch hier die Profilleiste. Die Bearbeitung ist gleich wie beim professionellen Deckelrahmen für das DIN A5-Format.

Innenmaß für das DIN A4-Format ist 30 cm x 21 cm.

••• Tip •••

Für alle Arbeiten am Schöpfrahmen darf nur rostfreies Material (Messing oder verzinktes Material) verwendet werden. Nur so sind Rostflecken auf dem Papier, dem Gautschfilz etc. zu vermeiden.

Und so wird Papier hergestellt

Schöpfen

Zuerst rühren wir mit der Hand den Faserbrei (Pulpe) in der Wanne schnell auf. Die komplette Schöpfform (Sieb- und Deckelrahmen) wird von hinten nach vorne bewegend (geht aber auch umgekehrt) eingetaucht und aus der Wanne gehoben. In waagerechter Haltung bewegen (wie leichtes Vibrieren) wir die Schöpfform hin und her und vor und zurück. Diese Bewegung ist nötig, um die Faserteile miteinander zu verbinden.

Auf dem Schöpfrahmen liegt nun eine Masse von mindestens 1,5 mm Dicke. Damit das Wasser ablaufen kann, halten wird die Schöpfform etwas schräg. Den Deckelrahmen abheben, darauf achten, daß keine Wassertropfen auf das Blatt fallen!

••• Tip •••

Sollte die Masse in der Form weniger als 1,5 mm dick sein, so ist der Faserbrei zu dünn, und es muß mehr Fasermaterial hinzugefügt werden (während dem Schöpfen wird der Faserbrei immer dünner). Eventuell wurde der Faserbrei nicht umgerührt, oder es fehlt noch etwas an Übung im Schöpfen.

Ist man mit dem Schöpfergebnis unzufrieden, so kann der Faserbrei sofort wieder vom Sieb gelöst werden. Wir drehen das Sieb um, so daß das Sieb leicht die Oberfläche des Faserbreis berührt. Dabei soll vermieden werden, daß Fasern auf die Unterseite des Siebs kommen. Spülen Sie das Sieb unter fließendem Wasser ab. Nach Gebrauch den Siebrahmen und den Deckelrahmen sorgfältig reinigen.

••• Tip •••

Die Gautschtücher und die Windeleinlagen können gewaschen und wiederverwendet werden.

Gautschen

Wir haben ein Brett in der Größe unserer Gautschtücher zurecht gelegt.
Darauf legen wir zwei mit der Sprühflasche befeuchtete Gautschtücher und eine Windeleinlage. Jetzt nehmen wir den Deckelrahmen vom Schöpfrahmen, drehen diesen mit der Siebseite nach unten und drücken ihn mit einer rollenden Bewegung von rechts nach links und zurück auf die Unterlage. Dann wird wieder eine Windeleinlage aufgelegt, und das nächste Blatt kann abgegautscht werden. Nach höchstens fünf Blättern empfiehlt es sich, wieder ein Gautschtuch aufzulegen. Sollte ein Blatt sehr dünn sein, so können Sie ein zweites Blatt direkt darauf gautschen.

Pressen

Im steten Wechsel werden die Blätter, die Windeleinlagen und die Gautschtücher aufeinander gelegt. Auf den Stapel (Pauscht) wird zum Schluß ein gleichgroßes Deckbrett gelegt und unter die Presse geschoben (vgl. auch Seite 15).

Pressen

Trocknen und Glätten

Wie bereits auf Seite 14 beschrieben, hängen wir die Blätter mit den Windeleinlagen auf die Leine. Sie lassen sich trokken sehr viel besser ablösen. Zum Nachtrocknen oder Pressen können die Blätter auch in Schichten zwischen saugfähiges, weißes Papier (unbedrucktes Zeitungspapier) und Weichpavatexplatten gelegt werden. Es ist aber darauf zu achten, daß die nassen weißen Papiere alle 24 Stunden ausgewechselt werden.

Man kann die Blätter, nachdem sie gut angetrocknet sind, mit dem Bügeleisen glätten.

Wichtig ist dabei, daß der nach Anleitung auf der Packung angerührte Tapetenkleister beim Untermischen in der Wanne auf die gleiche Temperatur trifft, sonst entstehen Klümpchen. Benutzen Sie aus dem gleichen Grund beim Eingießen ein **Küchensieb**.

Wasserfarben- und tintenfeste Papiere herstellen

Um das Papier schreibfest zu machen, muß es noch weiter bearbeitet werden. Die Bearbeitung mit Gelatine ist umweltfreundlich.

Man braucht für etwa 10 handgeschöpfte Blätter 50 ml **Wasser** und 5 g **Gelatine** (Verhältnis 1:10). Die Gebrauchsanleitung auf der Packung beachten! Mit einem **breiten Pinsel** wird die Flüssigkeit sofort auf das getrocknete Blatt beidseitig aufgetragen und dieses wieder zum Trocknen aufgehängt.

Wollen Sie das gesamte handgeschöpfte Papier mit Tinte beschreiben, so empfiehlt es sich, dem Papierbrei **Tapetenkleister** beizumischen.

Die einfachste Art, das Papier tintenfest zu machen, basiert auf der Zugabe von 2/3 Joghurtbecher Kunstharzleim (Weißleim) auf 500 g Zellulose = 10 Liter Faserbrei.

Die abgebildeten Papiere sind mit Naturfarben eingefärbt (Rot-/Blau-/Gelb-Holz). Vgl. Seite 26.

••• Tip •••

Den restlichen Faserbrei (siehe links) nicht in den Ausguß schütten, er könnte verkleben! Wir gießen die Reste in ein feines Küchensieb, nach dem Abtropfen wird der Faserbrei zum Trocknen ausgelegt. Nach dem Trocknen kann er in einem Glas aufbewahrt werden. Wenn wir in den nächsten Tagen nochmals Papier schöpfen wollen, bewahren wir den Faserbrei im Kühlschrank im geschlossenen Glas auf. Alle Fasermaterialien können auch in der Gefriertruhe gelagert werden.

Farbige Papiere von Hand geschöpft

Wie beim Recycling-Papier beschrieben (Seite 13), haben manche Papiere bereits eine „natürliche“ Färbung. Sie kann entweder verstärkt werden, oder bei der Verarbeitung von weißem Zellstoff wird Farbe hinzugefügt.

Wichtig ist, daß im voraus überlegt wird, ob die Farben lichtecht sein sollen. Die Farbgebung beim Schöpfvorgang ist immer stärker, nach dem Trocknen sind die Blätter blasser. Für die Berechnung der Farbbeigabe gehen wir von 1 kg aufgelöstem Zellstoff aus und brauchen dafür 1 ml Pigment. Die Pigmentbeigabe kann nach Belieben erhöht werden.

Es sind alle wasserlöslichen Farben geeignet. Lebensmittel- und Textilfarben haben sich bewährt.

Zum Fixieren der Farben geben wir auf 1 kg Zellstoff (= 1 aufgelöste DIN A4-Zellstoffplatte) 1 ml Fixiermittel.

Das Ausfärben kann getestet werden, indem man etwas feuchtes Fasermaterial zwischen zwei weißen, saugfähigen Papieren trockenbügelt. So sieht man auch die eigentliche Farbe.

Eine einfache Methode besteht darin, dem Faserbrei schon während des Einweichens mit stark ausfärbenden Papieren wie **Seiden- oder Kreppapier** Farbstoff beizufügen. Diese Farbgebung ist aber nicht lichtecht!

Wollen wir mit **natürlichen Farbstoffen** arbeiten, so erhalten wir verschiedene Brauntöne, zum Beispiel wenn wir Tee, Kaffee oder die Brühe von ausgekochten Zwiebelschalen hinzufügen. Die Brühe von roter Beete (Randen) gibt ein schönes Rot. Blau-, Gelb- und Rotholz sind ebenfalls gut geeignet.

Bedenken Sie, daß sich die Arbeitsmaterialien mitverfärben können!

Verschiedenfarbige Papiere

Zweiseitig

Abbildung siehe auch Seite 27

Zwei verschiedene Seiten und doch nur ein Blatt. Das erreichen wir, indem wir zwei verschiedene Arten von Farb- oder Pflanzen-Faserbrei aufeinander abgautschen.

Will man die Bogen präzis aufeinander abgautschen, so ist es sinnvoll, mit einem Klebestreifen die Linie zu markieren, an die der Siebrahmen zum Abgautschen aufgesetzt wird.

Für eine mehrfarbige Schöpfarbeit gautschen wir unterschiedlichen Farb- oder Pflanzen-Faserbrei aufeinander. Kontraste von zarten und starken Farben ergeben interessante Effekte. Dadurch, daß die Ränder nicht stark abgegrenzt sind, ergeben sich fließende Übergänge, die an Landschaften erinnern.

Es gibt verschiedene Möglichkeiten, diese Effekte zu erreichen. Wir schöpfen zuerst ein Blatt mit dem hellsten Faserbrei und gautschen es ab. Dann tauchen wir den Schöpfrahmen in den nächstdunkleren Faserbrei, aber so, daß nur zwei Drittel des Siebrahmens mit Faserbrei bedeckt sind. Dann wieder abgautschen. In einer dritten Phase soll beim Eintauchen des Schöpfrahmens nur noch ein Drittel des Siebrahmens den nächstdunkleren Faserbrei aufnehmen. Wiederum abgautschen und eine Windeleinlage und ein Gautschtuch auflegen.

Eine andere Möglichkeit, eine mehrfarbige Schöpfkomposition zu erreichen, besteht darin, daß man ein Blatt in der hellsten Farbe schöpft und es abgautscht. Dann wird der Schöpfrahmen von der einen Seite in den nächstdunkleren Faserbrei getaucht, um 180 Grad gedreht und im nächsten Arbeitsgang wird der Schöpfrahmen in den dunkelsten Faserbrei getaucht. Erst jetzt wird abgegautscht, und eine Windeleinlage und das Gautschtuch werden aufgelegt.

Vielfalt der Formen

Setzt man sich mit Papierschöpfen auseinander, so erlebt man zunächst die Faszination des eigentlichen Vorgangs beim Papierschöpfen. Mit der Zeit versucht man sich an verschiedensten Farbvarianten und mit unterschiedlichen Recycling-Materialien.
Der nächste Schritt sind Experimente mit Natur-Material. Hat man beim Papierschöpfen schon Übung, so kann man sich an eine neue Möglichkeit des Papierschöpfens heranwagen, nämlich an die Veränderung der Papierform.

Wir zeichnen eine einfache Form oder benutzen **Ausstechformen** als Vorlage. Das Motiv wird auf eine **1 mm dicke Plastikfolie** in der Größe der Siebrahmenfläche mit einem **wasserfesten Filzstift** übertragen.
Anschließend schneiden wir mit dem **Papiermesser** das Motiv aus der Plastikfolie heraus. Damit erhalten wir eine Positiv-und eine Negativ-Form. Mit beiden Formen ergeben sich beim Papierschöpfen interessante Möglichkeiten.

Positiv-Form

Legen wir die ausgeschnittene Positiv-Form (Motiv) auf den Siebrahmen und schöpfen so ein Blatt (Deckelrahmen nicht vergessen), kann man die ausgeschnittene Form mitsamt dem aufliegenden Faserbrei wegnehmen, und es entsteht eine freie Fläche (als Positiv-Form). Jetzt abgautschen!

Im nächsten Arbeitsgang wird ein andersfarbiges Blatt geschöpft und über das bereits erstellte Blatt abgegautscht. Windeleinlage und Gautschtuch auflegen!

Negativ-Form

In der zweiten Möglichkeit benutzen wir die Negativ-Form (die Folie mit dem fehlenden Motiv). Wir legen diese auf den Siebrahmen, schöpfen ein Blatt, heben sorgfältig den Deckelrahmen und die Negativ-Form vom Siebrahmen und gautschen die Form ab.
Auch darüber kann im nächsten Arbeitsgang ein- oder mehrmals ein andersfarbiges Blatt abgegautscht werden.

••• Tip •••

Die Techniken mit Positiv- und Negativformen können auch mit Formen aus Karton, dünnem Metall oder Sperrholz zur Anwendung kommen.

Prägen

Das Blatt erhält eine Prägung, indem man eine erhabene Oberfläche ins Papier prägt. Dazu eignen sich die verschiedensten Materialien:

- **diverse Hülsenfrüchte**
- **grobmaschige Gewebe aus Metall oder Kunststoff**
- **Materialien aus dem textilen Bereich, wie Spitze oder grobmaschige Gewebe**
- **verschieden dicke Schnur**
- **Büromaterial**
- **und was sich sonst noch findet.**

Stark strukturierte Flächen, wie ungeschliffenes Holz, sind sehr wirkungsvoll. Die Materialien sollten jedoch nicht mehr als 1 cm dick sein.

Es empfiehlt sich, sie auf ein Stück Karton in der Größe des Blattes aufzukleben. Zuerst wird das Blatt abgegautscht und gepreßt.

Dickere Blätter eignen sich besser für das Prägen.

Direkt nach dem Pressen legen wir folgende Sachen der Reihe nach aufeinander:

- **Bodenbrett**
- **1 trockener Gautschfilz**
- **Prägematerial**
- **1–3 Blätter**
- **3 trockene Gautschfilze**
- **Deckbrett.**

Jetzt wird der Stapel nochmals gepreßt. Sorgfältig nehmen wir dann alles auseinander und legen die geprägten Blätter einzeln zwischen weißes Papier zum Trocknen. Dabei muß darauf geachtet werden, daß die Blätter jetzt nicht mehr gepreßt werden.

••• Tip •••

Sind die Papiere bereits getrocknet, ist es auch an einem späteren Zeitpunkt noch möglich, sie zu prägen. Dazu brauchen wir Back-Model, auch Springerle-Formen genannt, handgeschöpftes Papier, ein Päckchen Papiertaschentücher und eine kleine Presse. Das Blatt wird in einer Schüssel mit Wasser gut durchnäßt, dann legen wir es auf die Springerle-Form und drücken mit Hilfe der zerknüllten, angefeuchteten Papiertaschentücher das Blatt in die Form. Zum Pressen lassen wir die nassen Papietaschentücher in der Form, und zum Trocknen werden die Blätter wie oben beschrieben ausgelegt.

Reliefs in Papier

(Vgl. Abbildung Seite 36/37)

Für die folgende Arbeit können wir restlichen Faserbrei verwenden, oder wir bereiten für diese Arbeit einen speziellen Faserbrei vor. Wesentlich ist, daß der Faserbrei nur noch soviel Wasser enthält, wie es sich nach einem sorgfältigen Abgießen in das Sieb ergibt.

Wir brauchen dazu verschiedene **Back-Model (Springerle-Formen).** Zunächst wird die Form mit **Glyzerin** (Glycerol) ausgestrichen (Pinsel), damit sich die Papiermasse später leichter auslösen läßt.

Mit einem kleinen **Spachtel** oder einem Kaffeelöffel füllen wir den Faserbrei in die Form, und zwar so, daß die Papiermasse zusätzlich ca. 1 cm dick aufliegt. Dann drücken wir den Faserbrei, indem wir

FROHE
WEIHNACHTEN

••• Tip •••

Die Arbeiten können auf farbige Karten aufgeklebt werden. Es entstehen damit bezaubernde Karten, die je nach Motiv verschenkt werden können. Wenn die Reliefs am Rand mindestens 3 bis 4 mm dick sind und genügend Festigkeit aufweisen, können sie mit einem Loch und einem Aufhänger (Faden) versehen und als Schmuck am Weihnachtsbaum oder an einem Blumenstrauß verwendet werden.

mit einem Brett fest darauf schlagen, in die Form. Dabei wird nochmals stark Wasser aus dem Faserbrei gedrückt. Nach 24 Stunden ist die Masse getrocknet und kann aus der Form genommen werden.

Achtung: Je feiner die Springerleformen ausgearbeitet sind, umso schwieriger ist es, die getrocknete Papiermasse aus der Form zu lösen. Besonders gut geeignet sind Springerleformen aus Ton und Holz.

Sind die Ränder des Reliefs unregelmäßig, so sollten sie nicht nachgeschnitten werden, denn der Reiz des Materials liegt in diesem Unregelmäßigen und Einmaligen, hervorgerufen durch das spezielle Material.

Der Phantasie sind keine Grenzen gesetzt

Die Oberfläche handgeschöpfter Papiere kann also durch Strukturieren und Einschließen von Materialien verändert werden.

Es gibt dabei unendlich viele kreative Möglichkeiten. Dazu kann man die verschiedensten Materialien wählen, wie

- Draht
- Fäden
- Bänder
- grob- und feinmaschige Gewebe
- Spitze
- Glimmer
- Federn
- Gummiringe
- kleingeschnittene Trinkhalme
- Samen
- Mais
- Sago, Reis
- ungemahlene Gewürze
- Tee
- getrocknete Pflanzen
- bedruckte oder beschriebene Papiere
- Spiel- und Eintrittskarten
- Tier- und Menschenhaar
- Sand
- Sägespäne
- Blattgold etc.

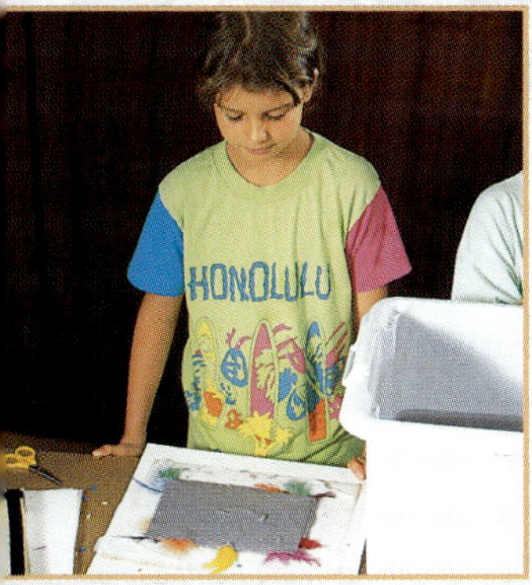

Das erste Blatt wird geschöpft und abgegautscht. Dann legen wir die Materialien darauf, schöpfen ein zweites Blatt und gautschen es direkt darauf ab. Dann legen wir die Windeleinlage und den Gautschfilz auf.

Wollen wir erreichen, daß ein Stück Spitze eingeschlossen ist und ein Teil der Spitze offen liegt, so gehen wir folgendermaßen vor: Das erste Blatt schöpfen, abgautschen, die Spitze auflegen. Jetzt tauchen wir die Schöpfform nur halb ein und gautschen ab. Danach wieder die Windeleinlage und den Gautschfilz auflegen.

Schöpferische Arbeiten mit und aus Pflanzenmaterial

Sehr speziell wirken Fäden, die eingeschlossen werden. Reißt man sie direkt nach dem fertigen Schöpfvorgang wieder heraus, ergeben sich ganz eigenartige Wirkungen, umso mehr, wenn Sie das erste Blatt in einem anderen Farbton geschöpft haben. Die aufgerissenen Ränder sind noch stärker, wenn das Papier fast trocken ist.

Einen noch ganz anderen Effekt erreicht man, wenn das Papier völlig getrocknet ist und erst dann der Faden herausgezogen wird. Wollen Sie, daß die Ränder aufstehen, darf das Papier nicht gepreßt werden.

Streumuster

Blütenblätter, Farn, Glimmer, Konfetti und alle kleinen und zarten Materialien sind für diese Arbeit geeignet. Die einfachste Methode besteht darin, daß das Material in die Wanne gegeben wird. Wir schöpfen wie üblich und gautschen ebenso ab.

Will man die Blütenblätter gezielt aufstreuen, sollte man zu zweit arbeiten. Aus der mit Fasermaterial gefüllten Wanne schöpft der erste ein Blatt, hebt die Schöpfform aber nur bis zu 1 cm unter den Wasserspiegel aus der Wanne. Jetzt legt der zweite die Blütenblätter auf. Ein zarter Faserbrei legt sich darüber, und jetzt wird abgegautscht.

Pflanzenpapiere

Als Grundmaterial verwenden wir einen Faserbrei aus Zellulose oder Recyclingmaterial im Verhältnis 2 (Faserbrei) zu 8 (Pflanzenmaterial).

Für Pflanzenpapiere eignen sich langfaserige Pflanzen wie:

- **Stroh**
- **Maisblätter**
- **Schilfblätter**
- **Brennessel**
- **Spargelschale**
- **Möhrenschale (Rüblischale)**
- **Rhabarberschale**
- **Bananenschale**
- **Zwiebelschalen**
- **Lauch**
- **Haselnußrindenbast.**

Getrocknet oder frisch sind diese Materialien geeignet. Sie müssen gesäubert und in 3-5 cm lange Stücke zerkleinert werden. Die Pflanzen werden ca. 24 Stunden eingeweicht. Damit sich die Zellulose aus der Pflanze lösen (aufschließen) kann, wird das Fasergut in einem **Stahl- oder Emailletopf** gekocht. Bei einer trockenen Pflanzenmenge von 250 g setzen wir 45 g **Soda** hinzu. Soda beschleunigt den Prozeß des Aufschließens. Die Kochzeit liegt je nach Pflanzenmaterial zwischen 1/2 und 5 Stunden. Wenn sich die Pflanzen beim Verreiben schmierig anfühlen, darf der Kochprozeß als beendet angesehen werden.

Nach dem Abkühlen wird das Fasergut unter laufendem Wasser abgespült. Die Fasern können jetzt entweder in einem Sack mit einem Holzhammer geschlagen oder mit dem Mixer zerkleinert werden.

Wir bereiten die Wanne und den Arbeitsplatz vor, und der schöpferische Prozeß mit Naturmaterial kann beginnen.

Schöpferisches Gestalten mit handgeschöpften Papieren

Allein die vielen Möglichkeiten beim Papierschöpfen sind interessant und reizen zu immer neuen Versuchen.
Nicht ganz einwandfreie Blätter sollte man nicht vernichten! Wir bewahren auch Restpapiere, wie sie vielleicht bei den nächsten Arbeiten übrig bleiben, auf, denn schon ein schmaler gerissener Streifen handgeschöpften Papiers kann einem einfachen Briefbogen eine spezielle Note geben.

Reißen

Bei handgeschöpften Papieren ist das Reißen besonders wirkungsvoll. Es entspricht dem Büttenrand.
Wir zeichnen das Blatt an, dann legen wir das Lineal auf die zu reißende Linie und fahren mit dem Falzbein auf der Linie mit Druck entlang. Das Blatt wenden, die gleiche Arbeitsweise anwenden und das Blatt anschließend am Linealrand entlang, langsam auf sich zu ziehend, abreißen.

Schneiden

Für die Arbeiten, bei denen eine Schnittkante gewünscht wird, nehmen wir ein Papiermesser.
Zuerst wird das Blatt angezeichnet. Das Lineal wird angelegt und das Papiermesser mit leichtem Druck an der Linie entlanggezogen, eventuell wiederholen.

Sie brauchen für die gestalterische Arbeit folgende Materialien:

- Kartonunterlage
- Falzbein
- Papiermesser (Cutter)
- Schere
- Lineal (Metall)
- Zeichenwinkel
- Zirkel
- Bleistift
- Wäscheklammern
- Klebstoff
- Flachpinsel zum Auftragen von Klebstoff
- und die Papiere, die verwendet werden sollen.

Falten

Für die Faltarbeiten können die verschiedensten Blätter genommen werden.
Wie beim Reißen beschrieben, sollte dem handgeschöpften Material Rechnung getragen werden.
Alle Arbeiten vorher anzeichnen und die Faltlinien mit dem Falzbein markieren.

Silber-Glanz

Was man aus einem quadratischen Blatt alles machen kann

Kleine Faltschachtel

Sie brauchen: Beliebige Größe im Quadrat

Sollten zwei Schachteln ineinander gesteckt werden, so muß ein Quadrat um 0,5 cm kleiner sein (z. B. 10 cm x 10 cm und 9,5 cm x 9,5 cm).

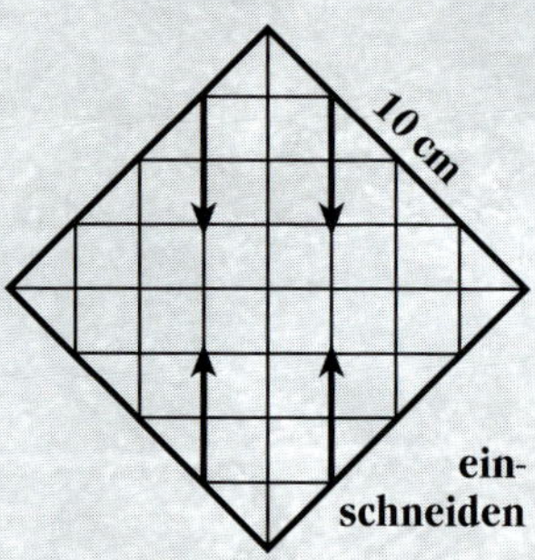

Wir falten das Quadrat auf vier gleiche Teile zusammen und öffnen es wieder. Dann werden die Spitzen auf die Mitte gelegt. Alle Seiten werden nun nacheinander auf die Hälfte gefalzt. Die von rechts und links eingelegten Spitzen legen wir ganz zurück und machen einen Einschnitt bis zum inneren Quadrat. Die vor uns liegenden Teile werden hoch gestellt, die eingeschnittenen Seiten nach innen gelegt und die Spitzen rechts und links darüber gefaltet.

Wenn Sie noch einen Henkel drankleben, haben Sie ein kleines Körbchen.

Spitztüte

Sie brauchen: Beliebige Größe im Quadrat

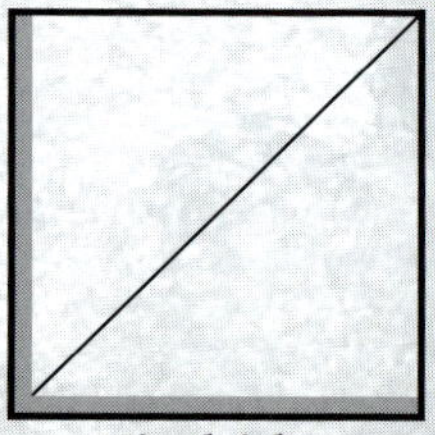

Das quadratische Blatt wird diagonal gefaltet, beide entstandenen Seiten werden leicht übereinander gebogen und mit etwas Klebstoff aufeinander geleimt. Zum Trocknen mit Wäscheklammern zusammenhalten.

Kuvert

Sie brauchen:
Bogen, 21 x 21 cm

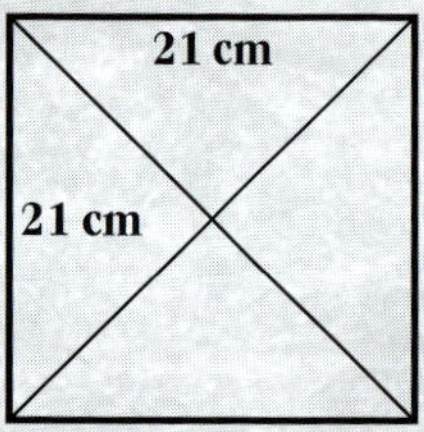

Die rechte und die linke Ecke um je 2 mm über die Mitte hinaus falten, dann den unteren Teil im gleichen Winkel zur Mitte falten, mit wenig Klebstoff befestigen. Der obere Teil bildet die Schließklappe.

Was man aus einem runden Blatt alles machen kann

Wenn man mit dem Spritzsieb oder dem Stickrahmen (vgl. Seite 16) runde Blätter geschöpft hat, so gibt es dazu verschiedene ausgefallene Faltarbeiten.

Kuverts

Für das **quadratische Kuvert** (im Bild vorne rechts) markieren wir die Mitte des Blattes, und falten den rechten und den linken Teil je 2 mm überlappend zur Mitte. Dann werden der untere und der obere Teil zur Mitte gefaltet.

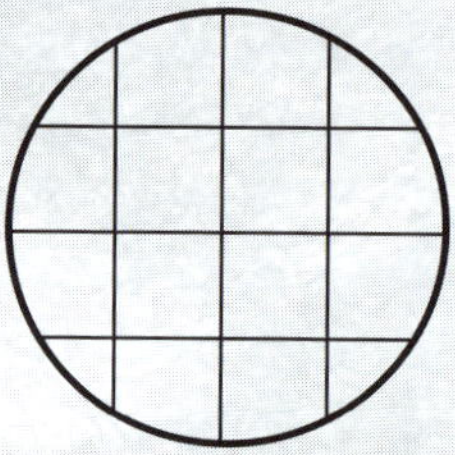

In den rechten und linken Teil machen wir je 3 cm vom Rand entfernt einen kleinen Einschnitt mit dem Papiermesser.

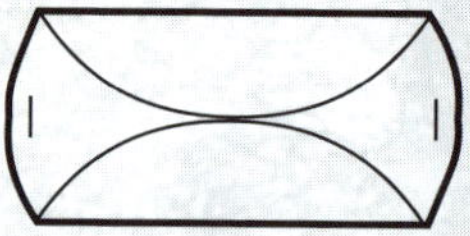

Zum Schließen und Verzieren ziehen wir je nach Papier ein glänzendes Band, einen Wollfaden oder eine Bastschnur durch die Einschnitte.

Für das **dreieckige Kuvert** (im Bild in der Mitte und im Hintergrund) zeichnen wir ein gleichseitiges Dreieck in das kreisrunde Blatt.

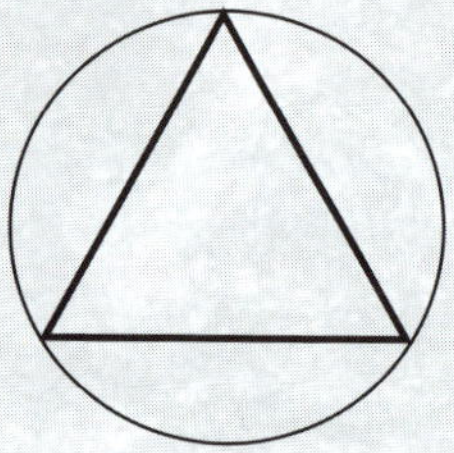

Wie bei einer Tütchenform werden der rechte und linke Teil des Blattes nach innen gefaltet, aber nur mit einem Tupfen Klebstoff zusammengeleimt.

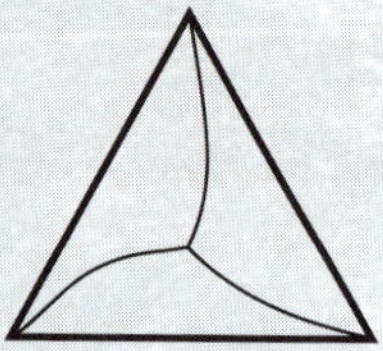

Wenn der Klebstoff getrocknet ist, kann der obere Teil gefaltet und eingeschoben werden.

Was man aus einem DIN A5- oder DIN A4-Blatt alles machen kann

Fächer

(vgl. Abbildung Seite 1)

Wir falten in der Ziehharmonikafaltung einen Fächer aus besonders schön strukturiertem Pflanzenpapier.
Dazu legen wir das Blatt quer vor uns hin und falzen sowie falten im 1 cm Abstand das Blatt vor und zurück (bei DIN A5 nur 0,5 cm Abstand). Dann wird die Faltarbeit auf die Hälfte geknickt, und wir heften mit dem Tacker (Heftklammern) die Mitte aneinander.
Anschließend ziehen wir die Faltarbeit leicht auseinander, und wir haben eine hübsche Tischdekoration.

Tüte

(vgl. Abbildung Seite 47)

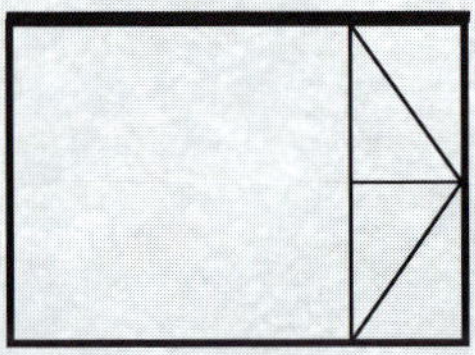

Das Blatt liegt auf die Hälfte gefaltet quer vor uns. Wir falten die obere und untere Ecke der rechten Seite um etwas mehr als ein Viertel nach innen.

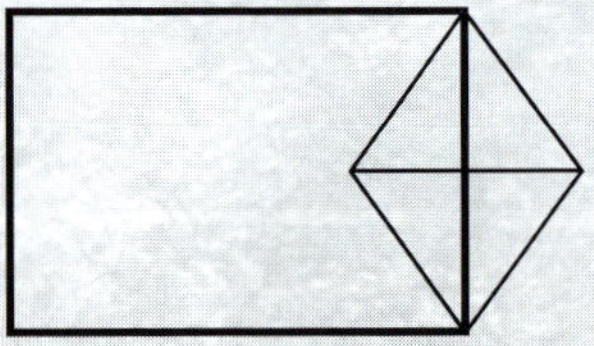

Die übereinanderliegende Stelle (ca. 0,5 cm) kleben wir aufeinander.

Die untere Kante wird um 1,5 cm umgeknickt. In der Knickstelle wird das Papier aufeinander geklebt.

Nach dem Trocknen lassen sich Süßigkeiten und kleine Geschenke in der Tüte verpacken.
Zur Dekoration wählen wir ein Material, das zum Papier einen Bezug hat, z. B. beim Strohpapier ein paar Stohhalme oder beim Papier mit Rosenblättern eine kleine getrocknete Rose.

Für eine etwas kompliziertere Form muß das Blatt vorher angezeichnet und mit dem Falzbein bearbeitet werden.

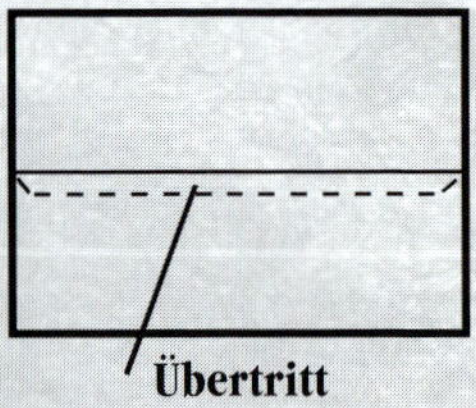

Von links nach rechts messen wir 1 cm für die zu verklebende Lasche, 3,5 cm Falz innen, 1,5 cm Falz außen, 1,5 cm Falz innen, 7 cm Falz innen, 1,5 cm Falz außen, 1,5 cm Falz innen. Die restliche Arbeit bleibt gleich.

Schachteln, Döschen und Kästchen

Alle möglichen Schachtelformen sehen mit handgeschöpftem Papier bezogen ganz außergewöhnlich hübsch aus.
Käseschachteln, Spanschachteln und auch Zündholzschächtelchen eignen sich vorzüglich.

Der untere Teil muß nicht unbedingt überzogen sein, sondern kann angemalt oder belassen werden.
Mit dem Bleistift zeichnen wir die Form des Deckels nach und schneiden die Form aus.
Für den Rand schneiden wir einen Streifen nach dem abgenommenen Maß und kleben alles sorgfältig auf.
Mit spezieller Schnur oder Naturmaterial verziert, erhält das Schächtelchen einen besonderen Akzent.

Glossar

Alaun-Salz
Wird zur Festigung und Imprägnierung des Papiers gebraucht.

Alkali
Wird beim Kochen der Pflanzenfasern gebraucht und vernichtet nicht zellulosehaltige Substanzen.

Amatl
Rindenbast wird gekocht und geschlagen, nicht geschöpft, hat Ähnlichkeit mit Papier.

Aufschließen
Durch Schlagen und Kochen wird Zellulosemasse aus den Pflanzen gezogen.

Bambus
Bambusrohr wird in China zu Schöpfrahmen verarbeitet.

Bast
Stammt von den Rinden der Bäume und Sträucher.

Baumwolle
Ein Grundmaterial für handgeschöpfte Papiere.

Bootslack
Wasserfester Klarlack auf Nitrobasis.

Bütte
Gefäß für den Faserbrei, aus dem Papier geschöpft wird.

Büttenrand
Bei handgeschöpften Papieren ist der Rand unregelmäßig, weil der „Deckelrahmen" keinen präzisen Rand bewirkt.

Collage
Verschiedene Papiere werden aneinander bzw. aufeinander geklebt oder gelegt.

Deckelrahmen
Der abnehmbare obere Rahmenteil des Schöpfrahmens.

Drucken
Der Holzschnitt, auch Tafeldruck genannt, ist seit 618 n. Chr. in China bekannt.
Im Jahre 1440 erfand Johannes Gensfleisch zum Gutenberg eine Druckpresse mit beweglichen Blei-Lettern.

Einschließen
Indem man ein erstes Blatt abgautscht, dann Material auflegt und ein nächstes Blatt aufgautscht, wird Material eingeschlossen.

Faserbrei
Wasser und Fasermaterial (Zellstoff, Pflanzen etc.) ergeben die „Pulpe" (siehe dort).

Filz
Früher aus reiner Wolle, heute aus Kunstfaser hergestelltes Tuch zum „Abgautschen" des frisch geschöpften Blattes.

Füllstoff
Damit das Papier glatter wird, kann man dem Faserbrei Pottasche, Kaolin oder Tonerde hinzufügen (auf 10 l 2,5 Eßlöffel).

Gautschen
Das frisch geschöpfte Blatt wird mit dem „Siebrahmen" auf den „Filz" abgegautscht, d. h. abgelegt.

Gautschfilz
siehe Filz.

Gelatine
Wird für das Leimen von Papier gebraucht und aus Knochen gewonnen.

Glyzerin (Glycerol)
Wird zum Ausstreichen der Back-Model und Springerle-Formen verwendet (vgl. Seite 34).

Kaolin
Tonhaltiger Füllstoff.

Kunstharzleim
Kann dem Faserbrei beigefügt werden, um das Papier tintenfest zu machen.

Paper Art
Kunst aus Papierpulpe, die Kunstwerke entstehen direkt im gestalterischen Prozeß aus der nassen Papiermasse. Bedeutende Vertreter: Robert Rauschenberg, Jackson Pollock, Frank Stella, Claes Oldenburg, Jasper Johns, George Segal etc.

Papyrus
Über Kreuz gelegte Markstreifen der Papyruspflanze, bekannt seit 3000 v.Chr. in Ägypten.

Pauscht
Gautschfilze mit frisch geschöpften Blättern, in der Regel ca. 80 cm hoch, enthält 181 Bogen und ist bereit zum Pressen.

Pergament
Tierhäute, die, nachdem man sie in Kalklauge gelegt hat, aufgespannt, getrocknet und geschabt wurden, sie dienten bereits um 1000 v.Chr. als Beschreibstoff.

Pottasche
Füllstoff. Kann dem Faserbrei hinzugefügt werden, um ein glatteres Papier zu erhalten.

Prägen
Erhebungen und Vertiefungen im Papier.

Pulpe
Faserbrei.

Recycling
Wiederverwertung eines Produktes.

Schwimmende Form
In Nepal wird der Faserbrei in die Form eingegossen, dabei schwimmt das Sieb auf dem Wasser.

Soda (Natriumkarbonat)
Beschleunigt beim Kochen der Pflanzen den Faseraufschluß.

Stampfwerk
Früher mit einem Wasserrad angetriebene Hämmer, die durch Schlagen der Lumpen das Material zerkleinerten und zu Faserbrei verarbeiteten.

Sugeta
(su = abnehmbares Siebgeflecht, keta = befestigter Rahmen.) Der in Japan traditionelle Schöpfrahmen. Das Siebgeflecht ist aus Bambus, und die geschöpften Blätter bleiben zum Trocknen darauf liegen. Es wird also nicht abgegautscht.

Tapa
Rindenbaststoffe, die durch Klopfen zu einem Faservlies werden.

Tonerde
Füllstoff. Kann dem Faserbrei hinzugefügt werden, um ein glatteres Papier zu erhalten.

Vélin-Sieb
Schöpfrahmen mit gewebtem Sieb (Metall, Polyester).

Vergé-Sieb
Schöpfrahmen mit einem Sieb aus dünnen Messingstäbchen, die mit einem feinen Draht zusammengehalten werden.

Washi
Alle handgeschöpften Papiere in Japan werden so bezeichnet.

Wasserzeichen
Markenzeichen im Papier, es entsteht durch das Aufsetzen eines dünnen Kupferdrahtes auf das Gewebe des Siebrahmens. Das Wasserzeichen wird nur sichtbar, wenn das Papier gegen das Licht gehalten wird.

Zellstoff
In den Pflanzen enthaltene Substanz, besonders aus dem Holz bekannt.

Bezugsquellen

In folgenden Geschäften erhalten Sie das Material und Werkzeug:

Drogerien:
Alaun, Gelatine, Glyzerin, Pottasche, Soda, Stoff-Farbe, Fixiermittel

Eisenwarenhandlungen, Hobby-Märkte:
Fliegen-, Kupfer-, Messingnetz, Messing- und verzinkte Nägel, Schnur, Holzleisten, Leim, Bootslack, Werkzeug

Plastik-Spezialgeschäfte oder Warenhäuser:
Wannen, Eimer, Meßbecher

Hier erhalten Sie Schöpfrahmen, Gautschfilze, Zellstoff etc.:

- Schweiz. Papiermuseum & Museum für Schrift und Druck
  St. Alban-Tal 37
  CH-4052 Basel
- Werkstuben Zürich,
  Limmatstraße 210
  CH-8005 Zürich
  Tel. 0041 1445 8800
- Ernst Ingold & Co. AG
  Hintergasse 16
  Postfach
  CH-3360 Herzogenbuchsee
  Tel. 0041 62956 4444
- Schubiger Lehrmittel AG
  Breitwiesenstraße 9
  CH-8207 Schaffhausen
  Tel. 0041 52644 1010
- Werksiedlung St. Christoph
  Steinenstraße 4
  D-79400 Kandern
  Tel. 0049 7626 91510

Hier können Sie Papier schöpfen, jeweils auf Anfrage:

- Schweiz. Papiermuseum & Museum für Schrift und Druck
  St. Alban-Tal 37
  CH-4052 Basel
  Tel. 0041 61272 9652
- Freilichtmuseum Hagen
  Meckingerbach
  D-58091 Hagen
  Tel. 0049 2331 78070
- Papiermühle Alte Dombach
  D-51465 Bergisch Gladbach
  Tel. 0049 2202 93668
- Technisches Museum Niederzwönitz
  Kohlerberg 1
  D-09297 Zwönitz
  Tel. 0049 37754 2690
- Landesmuseum für Technik und Arbeit
  Museumsstraße 1
  D-68165 Mannheim
  Tel. 0049 621 4298839